Angelika Meier-Elsperger

FASZINATION PERLEN

EDLE GESCHENKE UND DEKORATIONS-IDEEN FÜR DAS GANZE JAHR

frechverlag

FRÜHLINGSSTRAUSS

(Abbildung Umschlag-Rückseite)

Material:
- 3 Tulpen (Anleitung Seite 8)
- 5 Margeriten und 7 Traubenhyazinthen (Anleitung Seite 10/11)
- Seidenblätter und Gräser
- 6 ca. 10 cm große grüne Blätter
- Bindedraht
- grünes Floristenband

Alles griffbereit hinlegen. Die Blätter und Gräser, soweit sie keine Stiele haben, andrahten und mit Floristenband umwickeln. Mit einer Margerite beginnen, Bindedraht zweimal um den Stiel wickeln. Blüten, Blätter und Gräser jeweils einzeln einarbeiten und nach jedem Teil die Stiele umwickeln. Nur auf diese Weise hat man die Gewähr, daß alles so angeordnet ist, wie beabsichtigt.

Schleifen, falls erwünscht, auf die gleiche Art und Weise einarbeiten. Zuletzt die sechs großen Blätter wie eine Manschette rings um den Strauß binden. Stiele auf die gleiche Länge kürzen und mit Floristenband nochmals umwickeln.

Die Anleitung für die Objekte auf Seite 1 finden Sie auf Seite 27.

Zeichnungen: Heidi Ponn-Diediw, Angelika Meier-Elsperger
Fotos: frechverlag GmbH + Co. Druck KG, 70499 Stuttgart; Fotostudio Ullrich & Co., Renningen

Auflage: 5. 4. 3. 2. 1. | Letzte Zahlen
Jahr: 2000 1999 98 97 96 | maßgebend

frechverlag GmbH + Co. Druck KG, 70499 Stuttgart

ISBN 3-7724-2078-8 · Best.-Nr. 2078
Druck: frechverlag GmbH + Co. Druck KG, 70499 Stuttgart

VORWORT

PERLEN

sind ein faszinierendes Material, das
sich vielfältig einsetzen läßt
und durch seine Kombinationsmöglichkeiten
immer wieder aufs neue besticht.

Dieses Buch soll Ihnen für viele festliche
Anlässe das Jahr hindurch
neue Ideen und Anregungen geben.

Ich wünsche Ihnen viel Spaß,
Erfolg und entspannte Stunden.

Ihre
Angelika Meier-Elsperger

WERKZEUGE UND MATERIALIEN

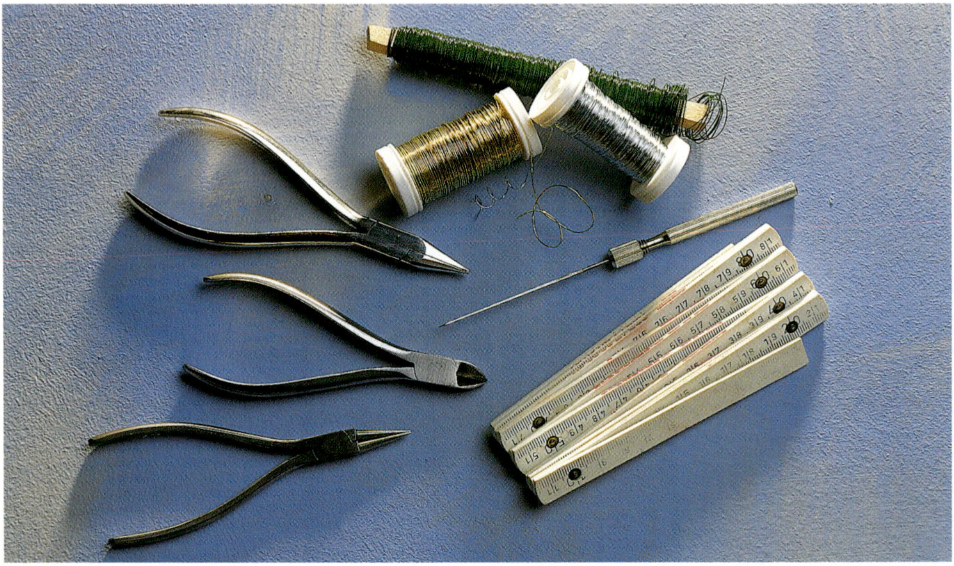

Werkzeuge:

- Kleiner Seitenschneider
- Rundzange und/oder Zange ohne Hieb
- Ahle oder eine dicke Nadel, die mit dem hinteren Teil am besten in einen Korken gesteckt wird, um Verletzungen zu vermeiden
- Klebepistole

Materialien:

- Basteldraht (0,4 mm)
- grüner Draht (0,3 mm)
- brauner Bindedraht (0,35 mm)
- grüner Floristendraht (0,65 mm)
- Golddraht (0,5 mm)
- Stieldraht (30 cm)
- braunes und grünes Floristenband
- Perlen

Tips und Tricks

Das Anfertigen der Perlenarbeiten sieht oft schwieriger aus, als es tatsächlich ist. Sollten dennoch Schwierigkeiten auftreten, sind die folgenden Tips vielleicht hilfreich:

1) Der Draht sollte immer gerade durch das in der Perle befindliche Loch geführt werden. Wird der Draht von der Perle seitlich weggezogen, kann die Wachsperle leicht platzen.

2) Muß der Draht mehrmals durch eine Perle gefädelt werden, sollte die Perle mit Hilfe einer Ahle oder einer großen Nadel vorsichtig aufgebohrt werden.

3) Sollte sich der Draht beim Durchziehen verdrehen, muß er, bevor er weitergezogen werden kann, zurückgedreht werden.

Andernfalls entsteht ein Knoten, der nicht mehr durch die Perle geführt werden kann.

4) Sollte eine Perle in der gewünschten Farbe im Fachhandel nicht erhältlich sein, kann man sich mit Nagellack behelfen.

5) Verformt sich beim Arbeiten die Drahtspitze so, daß sie sich nur noch sehr schwer durch die Perlen fädeln läßt, kann man die Drahtspitze glätten, indem man sie mehrmals kräftig durch die Zange zieht oder ein kleines Stück kürzt.

6) Reißt der Draht ab, können durch Verdrehen der beiden Drahtenden (am besten mit zwei Zangen) die Stücke wieder zusammengesetzt werden. Da an dieser Flickstelle schlecht nochmals durchgefädelt werden kann, sollte die Stelle unter einer Perle liegen, durch die der Draht nicht nochmals durchgeschoben werden muß. Notfalls in der Arbeit ein Stück zurückgehen.

7) Wenn es in der Anleitung heißt: „zum Ring schließen", so muß in der angegebenen Perle mit einem Drahtende von rechts nach links und mit dem zweiten Drahtende von links nach rechts gefädelt werden.

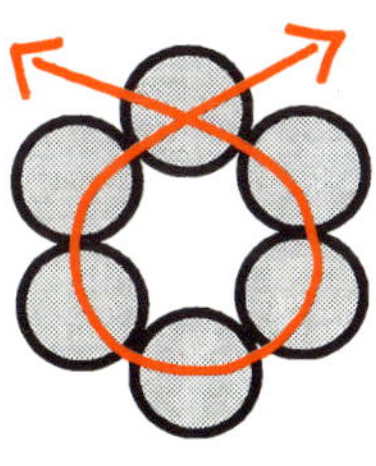

8) „gegenfädeln" bedeutet, mit einem Drahtende durch die Perlen fädeln und das zweite Drahtende in entgegengesetzter Richtung nochmals durch die Perlen führen.

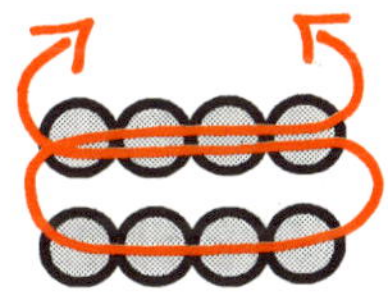

9) „nochmals in Arbeitsrichtung durchfädeln" heißt, daß der Draht nochmals in derselben Richtung wie beim ersten Mal durch die Perle geschoben wird.

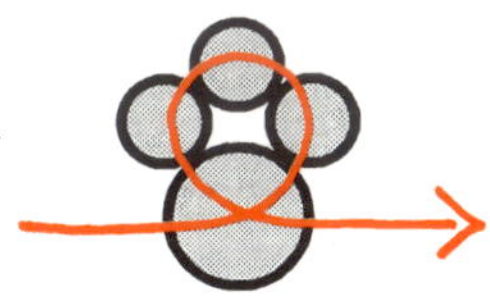

VALENTINSHERZEN

Weiß-rot

Material:

- 125 cm Basteldraht (0,4 mm)
- 40 weiße Oliven (4 x 8 mm)
- 95 rote Perlen (3 mm)
- 1 goldenes Stäbchen (2,5 cm)

Auf ein 100 cm langes Drahtstück eine weiße Olive zur Mitte ziehen. * Auf jedes Drahtende je eine rote Perle fädeln; auf eines der Drahtenden eine weiße Olive schieben und mit dem zweiten Drahtende durch diese Olive fädeln. *

Den Vorgang * … * wiederholen, bis alle weißen Oliven verbraucht sind. Nun auf einen der Drähte eine rote Perle nehmen und durch die erste weiße Olive fädeln, so daß sich der Kreis schließt. Auf einen der Drähte eine rote Perle fädeln, Drähte verdrehen und abzwicken.

Ein 25 cm langes Drahtstück durch eine weiße Olive durchziehen, bis sich zwei gleich lange Enden ergeben. Auf jedes Ende zwei rote Perlen fädeln.

Dann beide Drahtenden zusammenlegen und über beide Drähte eine rote Perle, ein goldenes Stäbchen und eine weitere rote Perle schieben. Die Drähte wieder trennen und auf jedes Drahtende zwei rote Perlen fädeln. Ein Drahtende durch die 20. weiße Olive fädeln und das zweite Drahtende in entgegengesetzter Richtung durch diese Olive ziehen.

Auf jedes Drahtende nochmals je zwei rote Perlen schieben; auf beide Drahtenden zwei rote Perlen, dann auf einen der Drähte eine rote Perle ziehen und die Drähte verdrehen. Stieldraht anlegen und alles mit Floristenband umwickeln.

Aus doppelt gelegtem Papier ein Schildchen schneiden, beschriften und von vorn und hinten um den Stiel kleben.

Rot-gold

Material:

- 40 cm Messingdraht (0,5 mm)
- 25 goldene Perlen (3 mm)
- 22 rote Perlen (6 mm)
- 1 goldenes Stäbchen (2,5 cm)

Eine goldene Perle auf den Draht zur Mitte schieben. Über beide Drähte eine rote Perle fädeln. Auf ein Drahtende * eine goldene Perle und eine rote Perle * fädeln. Den Vorgang * … * zehnmal wiederholen und eine weitere goldene Perle, das Stäbchen und nochmals eine Perle auffädeln.

Den Draht durch die erste rote und die erste goldene Perle schieben. Das zweite Drahtende ebenso arbeiten, aber den Vorgang * … * nur neunmal wiederholen. Den Draht durch die letzte über dem Stäbchen liegende rote Perle, die goldene Perle, das Stäbchen und die drei darunterliegenden Perlen in Gold, Rot und Gold schieben. Die Drähte liegen jetzt parallel. Stieldraht anlegen und alles mit Floristenband umwickeln. Das Herz noch in Form biegen.

Zum Valentinstag

TULPE

Material:

- 250 cm Basteldraht (0,4 mm)
- 60 cm grüner Draht (0,3 mm)
- 267 rote Perlen (4 mm)
- 126 rote Perlen (3 mm)
- 9 grüne Perlen (3 mm)
- 7 grüne Perlen (6 mm)
- grüne und graue Stickperlen
- grünes Floristenband
- Binde- und Stieldraht

Blütenblatt: Ausführung einfarbig rot. Auf ein 40 cm langes Drahtstück (0,4 mm) eine 4 mm große Perle zur Mitte schieben.
Auf jedes Drahtende eine 3 mm große Perle fädeln, auf einen der Drähte zwei Perlen à 4 mm nehmen und den zweiten Draht durch diese zwei Perlen in entgegengesetzter Richtung führen (siehe Zeichnung 1).
* Auf jedes Drahtende wieder je eine 3 mm große Perle schieben, auf eines der Enden drei Perlen à 4 mm aufnehmen und mit dem zweiten Draht gegenfädeln *. Den Vorgang * ... * einmal mit vier Perlen à 4 mm, viermal mit fünf Perlen à 4 mm und einmal mit sechs Perlen à 4 mm wiederholen. Sodann den Vorgang * ... * mit vier Perlen à 4 mm und mit zwei Perlen à 4 mm ausführen. Hierbei darauf achten, daß sich die Wölbung des Tulpenblattes durch gutes Festziehen ergibt.

Zeichnung 1

Zeichnung 2

Nun auf jeden der Drähte je eine 3 mm und eine 4 mm große Perle fädeln. Die Drähte verdrahten, nicht abzwicken.
Zwei weitere Blütenblätter fertigstellen. Noch drei Blütenblätter anfertigen, hierbei jedoch statt vier Reihen mit fünf Perlen à 4 mm fünf Reihen mit fünf Perlen à 4 mm auffädeln und diese Blätter bei der Zusammenstellung der Blüte als Außenblätter verwenden.

Stempel: Auf 10 cm Draht (0,4 mm) eine 3 mm große grüne Perle auffädeln und zur Drahtmitte schieben. Auf beide Drahtenden zwei 6 mm große und sechs 3 mm große grüne Perlen aufnehmen; auf ein Drahtende eine 3 mm große grüne Perle fädeln und beide Drähte unter dieser Perle verdrehen.

Staubgefäße: Auf 10 cm Draht (0,3 mm) drei graue Stickperlen ziehen; über die erste Perle durch die zwei anderen Stickperlen mit einem der Drähte zurückfädeln (siehe Zeichnung 2). Drei graue Stickperlen aufnehmen und über die erste Perle durch die zwei anderen Perlen zurückfädeln. Auf beide Drahtenden auf eine Länge von ca. 2,5 cm grüne Perlen fädeln. Auf einen Draht eine Stickperle fädeln und die Drähte verdrehen. Fünf weitere Staubgefäße anfertigen.

Fertigstellung: Staubgefäße um Stempel setzen, mit Bindedraht umwickeln. Nacheinander die drei Innenblätter und die drei Außenblätter ansetzen und jeweils mit Bindedraht umwickeln. Stieldraht anlegen und alles mit Floristenband verkleiden. In die Blütenblätter kann z. B. ein der Zeichnung entsprechendes Muster eingearbeitet werden.

MARGERITE

Material:

- 60 cm Basteldraht (0,4 mm)
- 10 gelbe Perlen (4 mm)
- 10 geriffelte, weiße Oliven (12 x 6 mm)
- 10 weiße Perlen (3 mm)
- 1 gelbe Perle (8 mm)
- Stieldraht, grünes Floristenband

Blüte: 10 kleine gelbe Perlen auf den Draht aufziehen, zur Mitte schieben und zum Ring schließen. * Auf einen der Drähte eine Olive und eine weiße Perle fädeln. Den Draht über die weiße Perle durch die Olive schieben und durch die folgende gelbe Perle ziehen. *

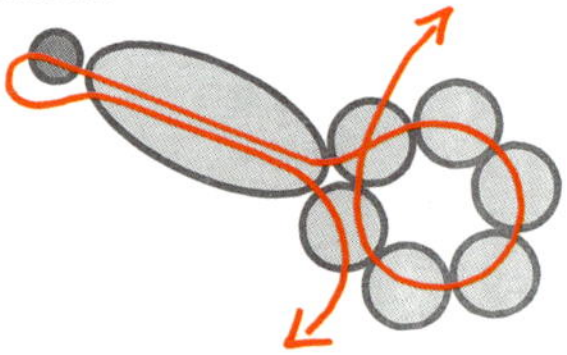

Vorgang * ... * viermal wiederholen, bei der anderen Drahthälfte fünfmal. Auf einen der Drähte die große gelbe Perle schieben und durch die gegenüberliegende kleine gelbe Perle fädeln. Beide Drähte unter der 8 mm großen Perle zusammenführen und verdrehen. Stieldraht anlegen und mit Floristenband umwickeln.

Tip: Statt der geriffelten Oliven (12 x 6 mm) können Sie auch weiße Oliven (6 x 14 mm) verwenden. Sie benötigen 70 cm Draht, der Innenring besteht aus zwölf gelben Perlen à 3 mm.
Die kleinere Blüte besteht aus weißen Oliven (4 x 12 mm), 60 cm Draht und einem Innenring aus zehn gelben Perlen à 3 mm. Margerite und Hyazinthe können auch Kinder leicht nacharbeiten.

TRAUBENHYAZINTHE

Material:
- 95 cm grüner Wickeldraht (0,65 mm)
- 33 matte, mittelblaue Perlen (4 mm)
- 34 matte, mittelblaue Perlen (6 mm)
- Stieldraht, grünes Floristenband

Blütenmantel: Auf ein 70 cm langes Drahtstück eine 4 mm große Perle nehmen und zur Mitte schieben. Auf beide Drahtenden 26 Perlen à 4 mm und 30 Perlen à 6 mm fädeln. Am oberen Ende ca. 2,5 cm Draht freilassen. Perlenstrang unten beginnend um einen Bleistift wickeln; die Perlen schieben sich dabei nach oben. Auf einen der Drähte eine 4 mm große Perle fädeln und die Drähte verdrehen.

Stützkonstruktion: Auf ein 25 cm langes Drahtstück eine 4 mm große Perle fädeln. Beide Drahtenden durch die erste 4 mm große Perle des Blütenmantels in das Innere des Blütenmantels fädeln; von unten vier Perlen à 4 mm und drei Perlen à 6 mm auffädeln und nach oben in den Blütenmantel schieben. Auf die zwei Drähte des Blütenmantels noch eine 6 mm große Perle fädeln. Drähte nach innen biegen und mittig mit den beiden Drähten der Stützkonstruktion verdrehen.

Fertigstellung: Die Spitze durch Eindrehen etwas nachformen, Stieldraht anlegen und mit Floristenband umwickeln.

Tip: Die Traubenhyazinthen können Sie auch in Weiß anfertigen. Wenn die Perlenzahl etwas variiert wird, ergeben sich größere und kleinere Blüten.

STICKPERLENEIER

Material:

- 1 Plastikei (60 x 45 mm)
- 1 1/2 Stück weißes Knetwachs
- Stickperlen in verschiedenen Farben

1 1/2 Stück Wachs in der Hand erwärmen, bis es sich gut kneten läßt. Das Wachs halbieren und zwei ovale Platten in der Größe einer Eihälfte formen. Das Ei vollständig ummanteln, die Übergänge sauber glätten. Die Stickperlen werden mit Hilfe eines Zahnstochers einzeln aufgenommen und dem gewünschten Motiv entsprechend auf das Wachs gedrückt.
Um Schriften und Ornamente lagerichtig anbringen zu können, werden „Hilfslinien" ins Wachs „gezeichnet", indem ein dicker Faden dem gewünschten Verlauf entsprechend um das Ei geführt und in das Knetwachs gedrückt wird, bis der Faden einen gut sichtbaren Abdruck hinterläßt.
Sollte Knetwachs nicht erhältlich sein, kann das Oval entsprechend den zwei Eihälften auch aus Wachsplatten zugeschnitten werden.

Tip: Für kleinere Plastikeier (45 x 35 mm) genügt ein Stück Knetwachs. Wachsreste können an kleineren Plastikeiern, wie zum Beispiel Wachteleiern, aufgebraucht werden.

ÜBERRASCHUNGSEIER

Material für ein Ei:

- 1 Plastikei (60 x 45 mm)
- 4 goldene Perlen (6 mm)
- 1 goldene Perle (3 mm)
- 3 goldene Perlen (5 mm)
- 2 goldene Perlenblüten (15 mm)
- 30 cm goldener Draht (0,5 mm)

Mit einer kleinen Universalsäge einen Schlitz von 3,5 cm Länge arbeiten. Das oben im Ei befindliche Loch erweitern und unten ein Loch bohren.
Ein Papierstück – 8,5 cm hoch und 14 cm breit – mit einem zu dem beabsichtigten Geschenkgutschein passenden Motiv, zum Beispiel der Kopie eines Notenblattes, in 0,7 cm breite Streifen oben und unten spitz zuschneiden. Die Papierstreifen mit Tapetenkleister aufkleben.
Kurbel: Auf ein Drahtstück von 22 cm Länge eine 3 mm große Perle und einen dünnen Aufhänger fädeln. Die Drahtenden zusammenlegen und gut verdrehen. Über beide Drähte eine 5 mm große Perle, eine Perlenblüte, das Ei, eine Blüte und eine 6 mm große Perle fädeln. Direkt nach der Perle den Draht rechtwinklig biegen, nach 0,5 cm den Draht nochmals im 90°-Winkel biegen, so daß er wieder nach unten zeigt. Zwei weitere, 6 mm große Perlen aufnehmen, den Draht im rechten Winkel gegengleich zum ersten Mal biegen und nach 0,5 cm den Draht so verbiegen, daß er wieder nach unten zeigt. Eine 6 mm große Perle mit Alleskleber auf dem Draht unmittelbar nach dem Knick befestigen. Eventuell überstehende Drahtreste nach dem Trocknen abzwicken. Die Kurbel muß sich gut bewegen lassen.

Für den Gutschein einen Papierstreifen von 11 cm x 3 cm zuschneiden und beschriften. Das rechte Ende 5 mm breit umknicken. Den Drahtrest von 8 cm nochmals in der Mitte teilen. Beide Teile gut miteinander verdrehen. Den Draht in den Papierfalz einlegen und zukleben. Auf die überstehenden Drahtenden oben und unten je eine 5 mm große Perle aufkleben. Überstehende Reste abzwicken.
Den Papierstreifen am linken Ende auf einer Breite von 5 mm umknicken. In den Falz Alleskleber streichen. Den Falz zudrücken, den Papierstreifen durch den Schlitz in das Ei einführen, ganz nach hinten schieben und an dem im Ei befindlichen Draht einhängen. Die Arbeit gut trocknen lassen, damit der Papierstreifen nicht mehr vom Draht rutschen kann.
Dieses Ei – in den Osterstrauß gehängt – ist eine hübsche Überraschung.

Das größere Ei wird aus einem Plastikei (90 x 60 mm) gefertigt. Das Papierstück (11,5 cm hoch und 19,5 cm breit), mit dem das Ei beklebt wird, in 19 ca. 1 cm breite Streifen schneiden.
Der Papierstreifen für den Gutschein ist 5 cm hoch und 20 cm lang. Der in das Ei zu sägende Schlitz muß ca. 6 cm lang sein. Statt der 6 mm großen Perlen 8 mm große verwenden.

Gutschein von
FAKSIMILE
Gutschein für ein Konzert

SCHMETTERLINGSBAUM

Material für einen Schmetterling:
- 200 cm Basteldraht (0,4 mm)
- 1 Perle (12 mm)
- 3 Perlen (8 mm)
- 1 Perle (6 mm)
- 178 Perlen (4 mm)
- 97 Perlen (3 mm)
- Stieldraht, braunes Floristenband

*Auf einen 70 cm langen Draht eine 3 mm große Perle zur Drahtmitte schieben. Über beide Drahtenden zwei Perlen à 3 mm fädeln. * Vorgang * … * mit einem weiteren Drahtstück wiederholen. Auf die vier Drähte je eine 12 mm und eine 4 mm große Perle aufnehmen. Zwei Drähte wegbiegen, auf die übrigen zwei Drähte drei Perlen à 8 mm und je eine Perle à 6 mm, 4 mm und 3 mm fädeln. Mit beiden Drähten über die 3 mm große Perle durch die 4 mm und 6 mm großen Perlen zurückfädeln. Auf jeder Körperseite des Schmetterlings befindet sich nun vor und nach den drei Perlen à 8 mm je ein Draht. * Auf die zwei links vom Körper befindlichen Drähte je eine 3 mm große Perle auffädeln. Auf einen der Drähte sechs Perlen à 4 mm aufnehmen und mit dem zweiten Draht gegenfädeln. * Vorgang * … * zweimal mit sieben Perlen à 4 mm wiederholen, jedoch beim zweiten Mal nur durch die vier Perlen, die sich am Kopfende befinden, gegenfädeln.

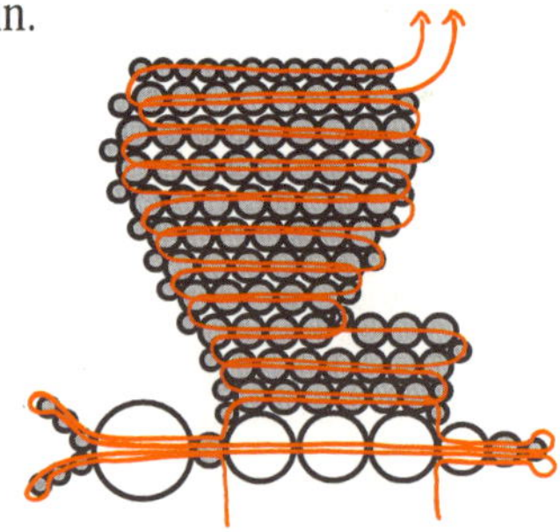

Den Rest laut Zeichnung fertigstellen. Die letzte Reihe aus zwölf 3 mm großen Perlen nicht mehr gegenfädeln, sondern Drähte verdrehen und abzwicken. Etwas kleinere Schmetterlinge erhält man, wenn die Reihe mit sieben Perlen á 4 mm nur einmal gearbeitet wird (wie auf dem Foto).
In die sich unter der auf vier Perlen verkürzten Reihe befindende 3 mm große Perle und die aus der zweiten Reihe übriggebliebenen drei Perlen à 4 mm ein 30 cm langes Drahtstück einfädeln und zur Hälfte durchziehen. Das hintere Flügelteil laut Zeichnung fertigstellen.

Die zweite Seite ebenso arbeiten. Einen doppelt gelegten Drahtrest zwischen der zweiten und dritten Perle (8 mm) durchschieben und unter den Perlen verdrehen. Stieldraht anlegen und mit Floristenband umwickeln.

Material für den Baum:
- 4 Schmetterlinge
- 1 Blumentopf
- Deko-Steckmaterial
- Dschungelgras
- 1 Zweig Korkenzieherhasel
- braunes Floristenband

In einen Topf Steckmasse einpassen und mit Dschungelgras abdecken.
Die Schmetterlinge mit Floristenband an dem Korkenzieherhaselzweig anbringen. Den Zweig in der Steckmasse befestigen.

Tip: Die Schmetterlinge können nach den Vorgaben der Natur, aber auch frei nach der eigenen Phantasie gearbeitet werden. Ein einzelner Schmetterling wirkt, in eine Grünpflanze gesteckt, sehr hübsch.

WEISSE FESTE

Kerzenring

Material:

- 20 cm goldener Draht (0,5 mm)
- 12 geriffelte, weiße Perlen (10 mm)
- 11 goldene Perlen (3 mm)
- 11 goldene Perlen (2 mm)
- 1 Kettelstift (20 mm)
- 1 Prismastift (30 mm)
- 1 Filigranoval

Auf den Draht eine weiße, geriffelte Perle und neun Perlen à 2 mm aufnehmen. Durch die weiße Perle in Arbeitsrichtung nochmals durchfädeln. Achtmal abwechselnd eine 3 mm und eine 10 mm große Perle aufnehmen. Eine 3 mm große Perle auffädeln, Drähte verdrehen und abzwicken. Auf den Prismastift eine 10 mm und eine 2 mm große Perle, das Filigranoval sowie eine 2 mm und eine 10 mm große Perle aufnehmen. Mit der Rundzange eine Öse biegen. Auf den Kettelstift je eine 3 mm, eine 10 mm und eine 3 mm große Perle auffädeln, eine Öse biegen, Stifte aneinander- und alles an den Ring hängen.

Tischaufleger

Material:

- 4 goldene Traubenhyazinthen (Seite 11)
- 3 weiß-goldene Margeriten (Seite 10)
- Dekoblätter und -gräser
- grünes Floristenband, Schleifenband

Deko-Material, falls erforderlich, andrahten. Mit einer Margerite und einem mittleren Blatt beginnen. Das Material Stück für Stück mit Floristenband dazuwickeln. Zum Schluß ein großes Blatt unterlegen und eine weiß-goldene Schleife miteinbinden.

Serviettenring

Material:

- 80 cm Basteldraht (0,4 mm)
- 48 weiße Oliven (4 x 8 mm)
- 66 weiße Perlen (4 mm)
- 6 goldene Perlenblüten (15 mm)

Auf den Draht im Wechsel zwölf Oliven und zwölf Perlen aufnehmen. In einer Perle die Arbeit zum Ring schließen. Dabei auf gleich lange Drahtüberstände achten. *Auf ein Drahtende eine Olive, eine Perle, eine Blüte und eine Perle aufnehmen. Über die Perle durch die Blüte nach unten fädeln. Durch die unter der Blüte liegende Perle in Arbeitsrichtung nochmals durchfädeln. Eine Olive aufnehmen, durch die übernächste Perle der ersten Reihe fädeln. * Vorgang * … * auf der einen Seite zweimal, auf der anderen Seite dreimal wiederholen. In der unter der Blüte liegenden Perle mit beiden Drähten gegenfädeln. Die Reihen 3 und 4 laut Zeichnung fertigstellen.

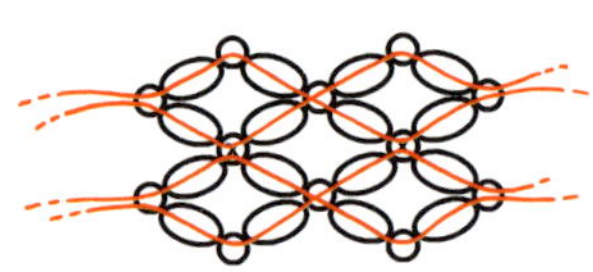

Tischkarte

Material:

- 3 Perlenblüten (15 mm)
- 3 Perlen (4 mm)

Auf einen Drahtrest eine Perle auffädeln. Drahtenden zusammenlegen und auf beide Drähte eine Perlenblüte stecken. In die Tischkarte ein Loch bohren, Drähte durchstecken und hinten umbiegen. Die beiden anderen Blüten ebenso an der Karte befestigen.

Melanie

STICKPERLENHERZ

Material:
- Styroporherz (5 cm)
- Wachsplatte, extra dick
- Stickperlen in verschiedenen Farben

Nach beiliegender Schablone zweimal ein Herz mit einem scharfen Messer aus der Wachsplatte ausschneiden und das Styroporherz ummanteln. An den Stoßkanten gut andrücken und glätten.
An Stellen, an denen das Wachs überlappt, dieses vorsichtig mit einem scharfen Messer abschneiden.
Nun an der Stoßkante entlang eine Reihe Stickperlen mit Hilfe eines Zahnstochers aufsetzen. Die nächste Reihe mit andersfarbigen Stickperlen setzen und so Reihe um Reihe das Herz komplett füllen.
Man kann auch ein Stück Bouillondraht, eine dünne Kordel, Borte oder eine Perlenkette einarbeiten. Den Aufhänger mit einer Stecknadel befestigen.

Schablone

GLÜCKWÜNSCHE

Glückwunschkarte

Material:

- Passepartoutkarte (aus dem Handarbeitsladen)
- entsprechendes Stück Stramin oder Stoff
- Stickperlen
- 3 weiße Perlenblüten (15 mm), mit Nagellack rosa lackiert

Das Stoffstück mit dem gewünschten Text, etwa „Hallo…“, „Alles Gute“ oder „Herzlich willkommen“, sowie netten Accessoires wie den Perlenblüten besticken und in die Passepartoutkarte einkleben.
Statt der vorgefertigten Passepartoutkarte kann auch aus einem Karton eine Karte ausgeschnitten und die Vorderseite mit dem bestickten Stoff beklebt werden. Der Übergang wird mit einer oder mehreren passenden Borten verdeckt.
In der gleichen Art lassen sich sehr persönliche Einladungs-, Geburtstags-, Weihnachts- und andere Glückwunschkarten gestalten.

Taufkerze

Material:

- große Stumpenkerze
- Stecknadeln (18 mm oder kürzer)
- goldene Perlen (3 mm)

Namen, Pax-Christi-Zeichen und auf der Rückseite der Kerze das Taufdatum vorzeichnen.
Um Namen und Taufdatum geradlinig aufzeichnen zu können, einen Papierring zuschneiden und unten um die Kerze anbringen. Jede Perle auf eine Stecknadel aufnehmen und in die Kerze stecken.
Ebenso können Geburtstagskerzen mit Zahlen, Neujahrs-, Oster- und andere Kerzen angefertigt werden.

MARKUS
HALLO
LARA

TEELICHTER

Weiß-violett-gelb

Material:

- 215 cm Basteldraht (0,4 mm)
- 22 geriffelte, weiße Oliven (12 x 6 mm)
- 44 violette Perlen (6 mm) weiß
- 44 gelbe Perlen (4 mm) silber
- 22 weiße Perlen (3 mm) rosa
- 11 weiße Oliven (6 x 14 mm)

Auf ein 190 cm langes Drahtstück eine violette Perle, eine geriffelte Olive und eine violette Perle zur Drahtmitte schieben. * Auf das rechte und das linke Drahtende je eine gelbe Perle aufnehmen. Auf das rechte Drahtstück eine violette Perle, eine geriffelte Olive sowie eine violette Perle auffädeln und den linken Draht durch diese drei Perlen in entgegengesetzter Richtung ziehen. *

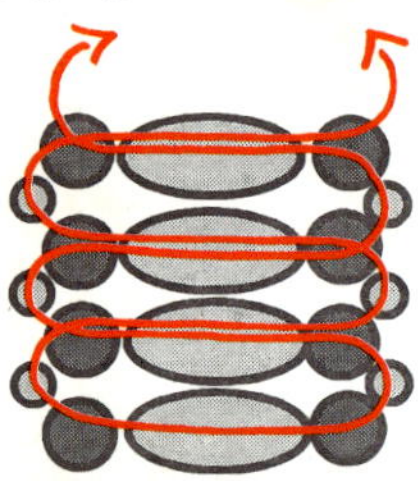

Vorgang * ... * zwanzigmal wiederholen. Auf das rechte Drahtende eine gelbe Perle aufnehmen und den Draht durch die Perlen der Anfangsreihe (6 mm, 12 x 6 mm, 6 mm) nochmals hindurchschieben. Auf einen der Drähte eine gelbe Perle aufnehmen und mit dem zweiten Draht gegenfädeln.

Teelichtboden: Das linke Drahtende durch die nächste gelbe Perle (im Rand ziehen). Auf beide Drähte je eine weiße Olive (6 x 14 mm) auffädeln. * Das rechte Drahtende durch die linke Olive gegenfädeln und durch die nächsten zwei gelben Perlen ziehen. Auf den linken Draht eine weiße Olive (6 x 14 mm) ziehen. * Vorgang * ... * achtmal wiederholen. Zum Schluß den Draht durch die erste Olive zur Mitte ziehen, verdrehen und abzwicken.

Oberer Rand: Einen 25 cm langen Draht in eine gelbe Perle des oberen Rands einfädeln. * Eine weiße Perle aufnehmen, den Draht durch die nächste, gelbe Perle schieben. * Vorgang * ... * wiederholen, bis die Umrandung fertiggestellt ist.

Bunt: Die 12 x 6 mm großen Oliven durch zwei 6 mm große Perlen ersetzen.

Schwarz-weiß: Den oberen Rand mit goldenen Perlen arbeiten. Nach jeder goldenen Perle (3 mm) drei weiße Perlen (2 mm) aufnehmen und den Draht in Arbeitsrichtung nochmals durch die goldene Perle fädeln. Drahtlänge: 65 cm.

Weiß-gold: Auf 290 cm langen Draht eine goldene Perle (4 mm), eine goldene Olive (6 x 14 mm) und wieder eine goldene Perle aufnehmen und zur Mitte schieben.

* Auf den rechten Draht abwechselnd weiße Perlen und goldene Oliven in folgender Größe fädeln: 3 mm, 6 x 5 mm, 5 mm, 8 x 6 mm, 5 mm, 6 x 5 mm, 3 mm. Den Draht nochmals durch die Anfangsperlen (4 mm, 6 x 14 mm, 4 mm) ziehen. Auf das rechte und linke Drahtende je eine goldene Perle (4 mm) auffädeln. Auf den rechten Draht eine goldene Perle, eine goldene Olive (6 x 14 mm) und eine goldene Perle (4 mm) nehmen, den linken Draht durch diese drei Perlen gegenfädeln (Zeichnung Grundform). * Vorgang * ... * zwanzigmal wiederholen.

Hinweis: Für ein Teelicht im **Glasbehälter** (statt Aluschale) müssen 26 Reihen angefertigt werden.

Das **Windlicht** wird in dreißig Reihen gearbeitet; der Boden besteht aus fünfzehn Oliven (6 x 18 mm) oder jeweils einer Perle (4 mm) und einer Olive (6 x 14 mm).

PERLNELKEN

Material:

- Bastelnelken ohne Köpfchen
- Perlen (4 mm)
- Stickperlen
- brauner Bindedraht (0,35 mm)

Auf den Draht ca. 10 Stickperlen und eine Perle (4 mm) aufnehmen. Das Drahtende parallel zum Nelkenhals legen und diesen zweimal fest umwickeln. Die Perle in die

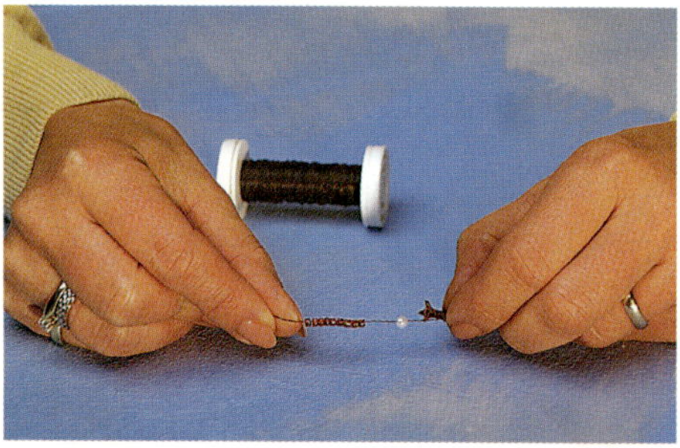

Mitte der Nelkenkrone einlegen, den Draht fest um den Nelkenhals wickeln, wieder nach oben führen und die Stickperlen um die Perle legen. Draht abzwicken.

Die in der **Collage** verarbeiteten Ministräußchen bestehen aus sieben Perlnelken, die fest mit Draht unter dem Nelkenhals umwickelt wurden.

Für die Manschette ca. 7 cm Spitze mit Draht einreihen und unter den Perlnelken befestigen. Den Hintergrund aus einem weißen Pappkarton ausschneiden, mit Sprühkleber Glimmer aufbringen. Zimtstangen und Sternanis mit auseinandergezogenem Goldbouillon verzieren. Buchecker mit einer Perle (8 mm) füllen und mit Bouillondraht umwickeln. Alle weiteren Zutaten, wie im Foto zu sehen, mit der Heißklebepistole einkleben. Den gesamten Rahmen nochmals kreuz und quer sowie über eine Ecke mit auseinandergezogenem Goldbouillon umwickeln.

PERLNELKEN

Das **Sträußchen** (rot-gold) entsteht aus ca. 30 Perlnelken. Je sieben Perlnelken zusammenfassen und fest mit Draht umwickeln. Zwei Reihen Perlnelken unten ansetzen und jeweils fest umwickeln. Ca. 15 cm Borte mit Draht einreihen, um das Sträußchen legen und zuziehen. Mit braunem Floristenband umwickeln.
Das **Biedermeiersträußchen** (weiß-gold) besteht aus acht Ministräußchen zu jeweils sechs Perlnelken. Diese werden mit ca. zehn angedrahteten Erlenzapfen zu einem Sträußchen gebunden. Manschette aus ca. 30 cm Spitze fertigen.
Die **Perlnelkenkugel** (Abbildung Seite 1) wird aus einem Amberzapfen gefertigt, in den ca. 40 etwas gekürzte Perlnelken mit der Heißklebepistole eingeklebt werden.
Den **Glasperlenring** (Ø 8 cm) mit einer ca. 55 cm langen Perlkette umwickeln. Anfang und Ende der Kette sowie drei Perlnelken, ein goldenes Diorröschen, Mohnkapseln, Erlen, Schleife und Aufhänger mit der Heißklebepistole befestigen.
Für das **Seidenblumenbäumchen** (Abbildung Seite 1) eine Steckschaumkugel wählen, die eng in das Gefäß paßt. Den mit Silberspray lackierten Stiel im Topf eingipsen. Die Kugel eng mit Seidenblüten, angedrahteten Erlen und ca. 80 Perlnelken bestecken. Unten aus Satinband und Perlketten gefertigte Schleifen einstecken.
Der **Christbaumkerzenhalter** wird mit Kneti gefüllt und mit den Zutaten gemäß Foto bestückt.

ZUM HOCHZEITSTAG

Material:
- 350 cm Basteldraht (0,4 mm)
- 125 cm grüner Draht (0,3 mm)
- 365 rote Perlen (4 mm)
- 91 rote Perlen (3 mm)
- 55 dunkelgrüne Perlen (4 mm)
- 60 dunkelgrüne Perlen (3 mm)
- grünes Floristenband
- Binde- und Stieldraht

Rotes Blütenblatt (innen): Auf ein 70 cm langes Drahtstück (0,4 mm) sechs rote Perlen (4 mm) zur Drahtmitte schieben. * Auf jedes Drahtende eine Perle (3 mm) fädeln, auf eines der Drahtenden sieben Perlen (4 mm) aufnehmen und mit dem zweiten Ende gegenfädeln. * Den Vorgang * … * wiederholen, jedoch die Anzahl der 4 mm großen Perlen laut Zeichnung wählen.

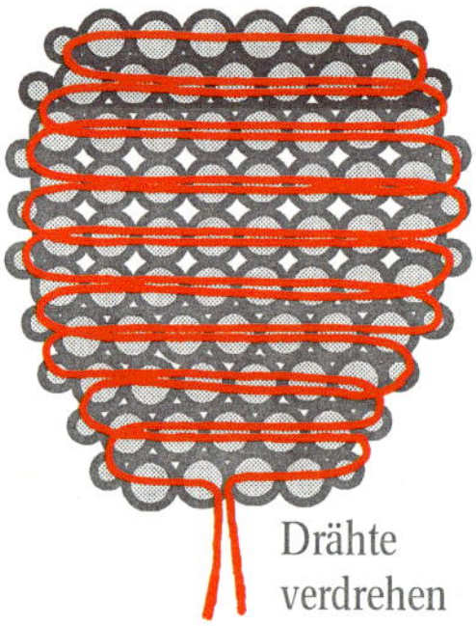

Bis zur Reihe mit fünf Perlen à 4 mm arbeiten. Auf jeden der Drähte eine 3 mm große und zwei 4 mm große Perlen aufnehmen und die Drähte verdrehen. Ein weiteres Blütenblatt auf dieselbe Weise anfertigen.

Rotes Blütenblatt (außen): Die Ausführung erfolgt wie beim Innenblatt. Die Zahl der Perlen à 4 mm laut Zeichnung wählen. Auf die verdrehten Drähte je eine 4 mm große Perle schieben, auf einen der Drähte eine 3 mm große Perle nehmen und die Drähte nochmals verdrehen.

Zeichnung Außenblatt

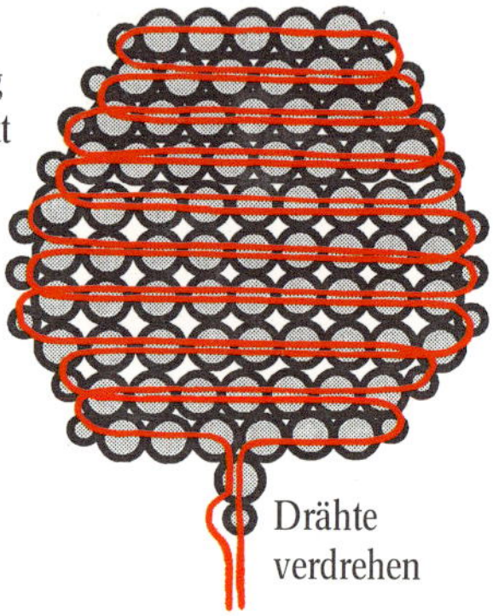

Grünes Blütenblatt: Auf einen 25 cm langen grünen Draht (0,3 mm) eine grüne Perle (3 mm) fädeln. Drähte zusammenlegen und über beide Drahtenden eine 3 mm große Perle schieben. Drähte trennen, auf jedes Drahtende eine 3 mm große Perle nehmen und die Drähte durch eine 4 mm große Perle gegenfädeln. Weitere Ausführung laut Zeichnung.

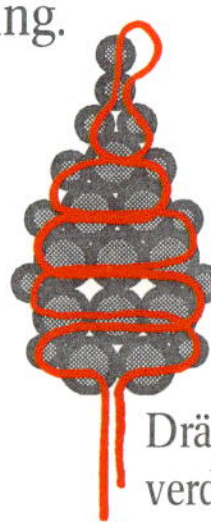

Fertigstellung: Die Innenblätter in Längsrichtung vorsichtig knicken und ineinanderfügen. Nacheinander die roten Außenblätter und die grünen Blütenblätter ansetzen und jeweils mit Bindedraht umwickeln. Alle Drahtenden und den Stieldraht mit Floristenband verkleiden.

Ovales Schmuckkästchen

Material:

- 590 cm Basteldraht (0,4 mm)
- ovale Spandose (125 x 95 x 55 mm)
- 138 weiße Oliven (4 x 8 mm)
- 69 weiße Oliven (4 x 12 mm)
- 207 goldene Perlen (4 mm)
- 69 goldene Perlen (3 mm)
- 69 weiße Perlen (3 mm)

1. Teil: Auf ein 250 cm langes Drahtstück eine weiße Olive (4 x 12 mm) fädeln und zur Drahtmitte ziehen. * Auf den rechten Draht eine goldene Perle (4 mm) und auf den linken Draht eine goldene Perle (3 mm) und eine weiße Olive (4 x 12 mm) aufnehmen. Den rechten Draht in entgegengesetzter Richtung durch die weiße Olive (4 x 12 mm) fädeln. * Den Vorgang *… * 67mal wiederholen, jedoch bei jeder dritten goldenen Perle à 3 mm (links) drei weiße Perlen (3 mm) aufnehmen und in der Arbeitsrichtung den Draht nochmals durch die goldene Perle (3 mm) ziehen.

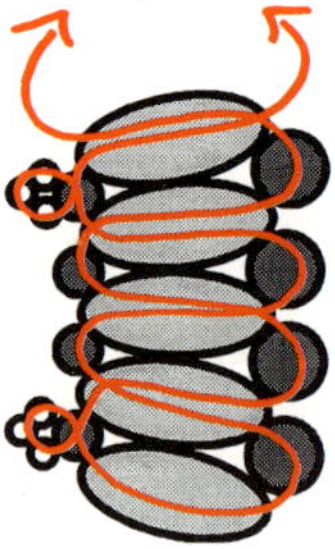

Nun auf den linken Draht eine weitere goldene Perle (3 mm) auffädeln und durch die erste weiße Olive (4 x 12 mm) fädeln, so daß sich der Bortenring schließt. Auf denselben Draht eine goldene Perle (4 mm) aufnehmen, mit dem zweiten Draht verdrehen und abzwicken.

2. Teil: Einen Draht von 170 cm Länge durch eine goldene Perle (4 mm) im Bortenring fädeln und bis zur Mitte durchziehen. Auf ein Drahtende eine weiße Olive (4 x 8 mm), eine goldene Perle (4 mm) und eine weitere weiße Olive (4 x 8 mm) aufnehmen und mit dem zweiten Draht durch die weiße Olive (4 x 8 mm) gegenfädeln. * Den Draht, der sich bei den goldenen Perlen (4 mm) des Bortenrings befindet (laut Zeichnung das sich links befindende Drahtende), durch die nächste goldene Perle (4 mm) schieben. Auf das rechte Drahtende eine goldene Perle (4 mm) und eine weiße Olive (4 x 8 mm) nehmen und mit dem linken Drahtende durch die weiße Olive (4 x 8 mm) in entgegengesetzter Richtung fädeln. * Den Vorgang * … * 66mal wiederholen.

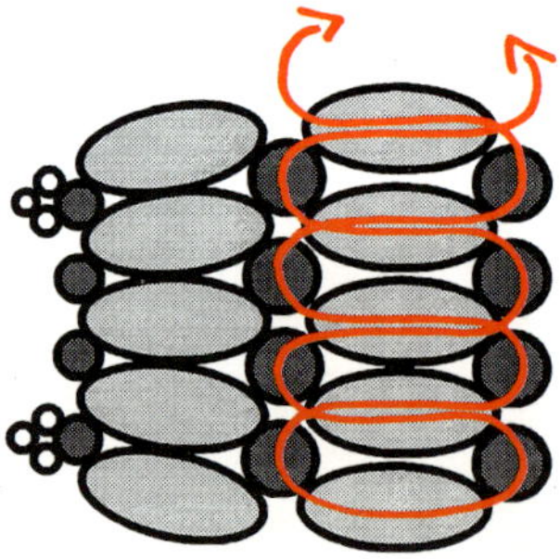

Zuletzt mit dem linken Drahtende durch die erste weiße Olive (4 x 8 mm) fädeln. Auf das rechte Drahtende eine goldene Perle (4 mm) nehmen. Drähte verdrehen und abzwicken.

3. Teil: Ausführung wie der zweite Teil.

Ausarbeitung: Die Spandose mit Schlagmetall vergolden oder mit Goldspray lackieren und danach die Perlenborte über den Deckel stülpen.

Das runde Schmuckkästchen wird in derselben Technik aus 30 weißen Oliven (4 x 8 mm) pro Reihe (insgesamt 60), 4 mm großen silbernen Perlen außen und 2 mm großen weißen Perlen innen gearbeitet. Die Zacke über jeder zweiten Perle (2 mm) im Innenrand besteht aus drei Perlen à 2 mm. Die Drahtlänge für den ersten Teil beträgt 90 cm, für den zweiten 75 cm.

Tip: Die Anzahl der Oliven muß durch zwei teilbar sein, damit auf jeder zweiten Perle des Innenrandes eine Zacke gearbeitet werden kann. Ist die Anzahl der Oliven durch drei teilbar, kann auf jeder dritten Perle eine Zacke gefertigt werden.

Das sechseckige Kästchen besteht oben aus 30 zartrosa Oliven (4 x 8 mm), 3 mm großen goldenen Perlen und 90 cm Draht. Die Ecken entstehen, indem am Innenrand keine Perle dazwischengefädelt wird, am Außenrand jedoch drei Perlen (3 mm).

Die Zacken bestehen aus 2 mm großen goldenen Perlen über der zweiten und dritten Perle (3 mm) am inneren Rand je Seite des Sechsecks.

Für den 2. Teil benötigt man 110 cm Draht und 42 zartrosa Oliven (4 x 8 mm), da auch bei den Ecken nach jeder Perle (3 mm) eine Olive gegengefädelt wird.

HUFEISEN

Kleines Hufeisen

Material:

- 90 cm Basteldraht (0,4 mm)
- 34 goldene Oliven (4 x 8 mm)
- 30 goldene Perlen (3 mm)
- 15 goldene Perlen (2 mm)
- 25 goldene Perlen (4 mm)

Auf den Basteldraht eine Olive aufnehmen und zur Drahtmitte schieben. *Auf den rechten und den linken Draht je eine 3 mm große Perle fädeln. Auf die rechte Drahtseite eine Olive schieben und das linke Drahtende durch die Olive in entgegengesetzter Richtung ziehen. * Den Vorgang * … * dreimal wiederholen. Auf jedes Drahtende eine 3 mm große Perle fädeln. Einen Draht von links, den anderen von rechts durch die erste Olive schieben.

* Auf den rechten Draht eine 4 mm große Perle, auf den linken Draht eine 3 mm große Perle aufnehmen und beide Drähte in einer Olive gegenfädeln. * Den Vorgang * … * viermal wiederholen. Dann den Vorgang * … * 15mal ausführen, jedoch auf der linken Drahtseite statt einer 3 mm großen Perle jeweils eine 2 mm große Perle verwenden. Den Vorgang * … * fünfmal mit je einer 3 mm großen Perle auf dem linken Drahtende wiederholen und danach viermal mit je einer 3 mm großen Perle auf jeder Drahtseite.

Auf jedes Drahtende eine 3 mm große Perle aufnehmen. Einen der Drähte durch die fünfte Olive ziehen. Drähte verdrehen und abschneiden.

Großes Hufeisen

Material:

- 34 goldene Oliven (6 x 14 mm)
- 30 weiße Perlen (4 mm)
- 16 weiße Perlen (5 mm)
- 9 weiße Perlen (6 mm)
- 15 weiße Perlen (3 mm)
- 24 goldene Perlen (2 mm)
- 24 goldene Perlen (3 mm)
- 180 cm Basteldraht

Die Ausarbeitung erfolgt wie oben beschrieben, beginnend mit Oliven und weißen Perlen (4 mm) auf einem Drahtstück von 150 cm Länge. Nach Fertigstellung des Anfangs wird auf der Innenseite des Hufeisens fünfmal eine weiße Perle (4 mm) und auf der Außenseite eine weiße Perle (5 mm) verwendet. Dann dreimal innen eine weiße Perle (3 mm) und außen eine weiße Perle (5 mm) nehmen. Um die Rundung zu erhalten, wird neunmal auf der Außenseite eine weiße Perle (6 mm) und innen eine weiße Perle (3 mm) verarbeitet. Gegengleich zur ersten Seite die Arbeit beenden.

Einen 30 cm langen Draht durch die sechste Olive fädeln. Auf der Innenseite je eine goldene Perle (2 mm) zwischen die weißen Perlen fädeln und auf der Außenseite je eine goldene Perle (3 mm). Auf der gegenüberliegenden Seite einen der Drähte durch die dortige sechste Olive schieben. Drähte verdrehen und abzwicken.

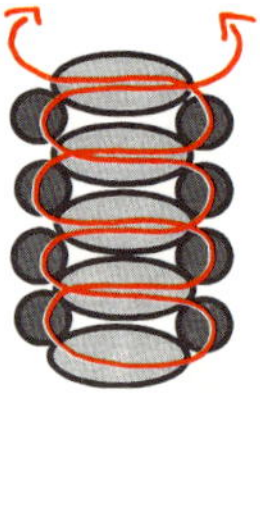

SONATA

Material:
- 4 goldene Glasstäbchen (75 mm)
- 210 cm Draht (0,4 mm)
- Dreieckrahmen
- Geigen
- Blumen
- Ornamente
- verschiedene Perlen
- Bouillondraht
- Notenblatt

Den Rahmen mit Schlagmetall vergolden oder mit Goldspray lackieren. Als Rückwand einen weißen Pappkarton zuschneiden und mit Goldstaub bestreichen. Das Notenblatt auf 12 x 9 cm zuschneiden; die Enden einrollen und festkleben. Glasstäbchen mit Bouillondraht umwickeln.

Perlrispe: Auf einen 30 cm langen Draht eine Perle fädeln, auf beide Enden abwechselnd Oliven und Perlen aufnehmen. Fünf Perlrispen fertigen und alle Drähte miteinander verdrehen.

Eine Perlenkette von ca. 30 cm Länge fädeln. Auseinandergezogenen Bouillondraht mehrmals zusammenlegen und einarbeiten. Teile mit der Heißklebepistole aufkleben.

Es können beliebige Perlen eingearbeitet werden. Der eigenen Phantasie sind keine Grenzen gesetzt (Reste verwenden).

KÖRBCHEN

(Abbildung Seite 37)

Rosa-violett (unten rechts)

Material:

- 180 cm Basteldraht (0,4 mm)
- 18 zartrosa Oliven (6 x 14 mm)
- 9 weiße Oliven (4 x 12 mm)
- 8 zartrosa Oliven (4 x 8 mm)
- 16 zartrosa Oliven (3 x 6 mm)
- 20 weiße Perlen (4 mm)
- 4 zartrosa Perlen (4 mm)
- 20 violette Perlen (5 mm)
- 3 zartrosa Perlen (6 mm)
- 35 weiße Perlen (3 mm)

Auf einen 120 cm langen Draht eine Olive (6 x 14 mm) fädeln. * Auf das rechte Drahtende eine 4 mm große Perle und auf das linke eine 5 mm große Perle und eine Olive (6 x 14 mm) aufnehmen. Mit dem rechten Draht durch die Olive gegenfädeln * (Zeichnung siehe Hufeisen, Seite 32). Vorgang * ... * 16mal wiederholen. Auf das linke Drahtende eine 5 mm große Perle fädeln und den Draht durch die erste Olive schieben. Auf diese Weise wird das Körbchen geschlossen. Auf einen der Drähte eine 4 mm große Perle aufnehmen und mit dem zweiten gegenfädeln. Mit dem linken Draht durch die nächste 4 mm große Perle im Korbrand fädeln. Auf beide Drahtenden je eine Olive (4 x 12 mm) nehmen. * Das rechte Drahtende durch die linke Olive gegenfädeln und durch die nächsten zwei Perlen à 4 mm ziehen. Auf das linke Drahtende eine Olive (4 x 12 mm) fädeln. * Vorgang * ... * dreimal wiederholen. Zunächst den Draht durch die erste Olive zur Korbmitte ziehen und verdrehen. Auf beide Drähte eine 6 mm große Perle aufstecken. Einen Draht abzwicken, den zweiten Draht durch eine gegenüberliegende Olive ziehen und ebenfalls abschneiden.

Oberer Körbchenrand: Das 20 cm lange Drahtstück durch eine 5 mm große Perle des Körbchenrands fädeln, eine 3 mm große Perle aufnehmen und den Draht durch die nächste 5 mm große Perle führen. Auf diese Weise den oberen Körbchenrand fertigstellen.

Henkel: Mit einem 40 cm langen Draht durch folgende Perlen im Körbchenrand fädeln: 5 mm, 3 mm, 5 mm, 3 mm, 5 mm. Den Draht so weit durchziehen, daß zwei gleich lange Drahtenden überstehen. * Auf jedes Drahtende je eine 4 mm große, zartrosa Perle, eine Olive (4 x 8 mm) und eine 3 mm große Perle aufnehmen. Auf einen Draht eine 6 mm große Perle schieben und mit dem zweiten Draht durch diese Perle gegenfädeln. * Vorgang * ... * mit folgenden Perlen wiederholen:

- Olive (4 x 8 mm), Perle (3 mm), in einer 5 mm großen Perle gegenfädeln.
- Olive (3 x 6 mm), in einer 4 mm großen Perle gegenfädeln.
- Olive (3 x 6 mm), in einer 3 mm großen Perle gegenfädeln. Die letzte Variante zweimal wiederholen (= Henkelmitte), dann gegengleich weiterarbeiten. Draht im Körbchenrand einhängen, wie am Anfang beschrieben.

Tip: Sollten die Oliven für den Körbchenboden in der gewünschten Größe nicht vorrätig sein, behilft man sich, indem man kleine Perlen verwendet. Statt der Oliven (4 x 12 mm) können zum Beispiel zwei Perlen à 4 mm und eine Perle à 3 mm verarbeitet werden.

KÖRBCHEN

Gelb-lila (mittlere Reihe, links)

Statt der Oliven (6 x 14 mm) werden je eine 3 mm große Perle, eine Olive (4 x 8 mm) und eine 3 mm große Perle verwendet. Gegengefädelt wird durch diese drei Perlen. Ausführung, wie oben beschrieben.

Weiß-gold (unten, Mitte)

Um ein höheres Körbchen zu erhalten, wird mit einer 4 mm großen Perle, einer Olive (6 x 14 mm) und einer 4 mm großen Perle gearbeitet; durch diese drei Perlen wird jeweils gegengefädelt. Das höhere Körbchen wird aus 22 Oliven gefertigt, der Boden besteht aus 11 Oliven (6 x 14 mm). Die Drahtlänge beträgt 170 cm.

Weiß-gold ohne Henkel (oben)

Die Körbchenseite wird aus je einer 4 mm großen Perle, einer Olive (8 x 20 mm) und einer 4 mm großen Perle gearbeitet. Die Drahtlänge beträgt 200 cm. Für den oberen Körbchenrand werden 6 mm große Perlen verwendet, für den unteren Rand 4 mm große Perlen. Der Körbchenboden besteht aus elf Oliven (6 x 14 mm) und einer 8 mm großen Perle in der Mitte. Für die Randverzierung auf 75 cm Draht *vier 2 mm große Perlen aufnehmen und durch eine 6 mm große Perle nochmals in Arbeitsrichtung durchfädeln *. Vorgang * ... * wiederholen. Die vier 2 mm großen Perlen einmal nach unten, einmal nach oben drücken. Rand fertigstellen. Den Steckschaum zuschneiden, unten und seitlich mit Alufolie umhüllen und in das Körbchen legen. Mit Seidenblümchen bestecken, dabei in der Mitte mit Blumen mit längeren Stielen beginnen. Die Stiele der äußeren Blüten und Zutaten entsprechend kürzen, so daß sich die kugelige Form ergibt.

Orange-violett (Mitte rechts)

Die Körbchenseite besteht hier aus einer weißen, geriffelten Olive (6 x 5 mm), einer orangefarbenen Olive (6 x 9 mm), einer violetten Perle (6 mm) und einer weißen, geriffelten Olive. Für den oberen Körbchenrand werden violette Perlen (6 mm), für den unteren violette Perlen (4 mm) verarbeitet. Der Boden besteht aus elf Oliven (6 x 14 mm) und einer 8 mm großen Perle. Die Drahtlängen und die Randverzierung entsprechen dem weiß-goldenen Körbchen.

Weiß-silber (unten links)

Die Seite besteht bei diesem Körbchen aus einer silbernen Perle (5 mm), einer silbernen Perlkappe (5 mm), einer weißen Perle (5 mm), einer geriffelten, weißen Olive (12 x 6 mm), einer weißen Perle (5 mm), einer silbernen Perlkappe (5 mm) und einer silbernen Perle (5 mm). Die Drahtlänge beträgt 220 cm. Für den oberen Rand wird je eine 6 mm große Perle und für den unteren je eine 4 mm große Perle verarbeitet; für den Boden elf Oliven (6 x 14 mm) und eine 8 mm große Perle in der Mitte. Beim oberen Körbchenrand wird wiederum zwischen je zwei Perlen (6 mm) eine 3 mm große Perle gefädelt. Immer nach dem Durchschieben des Drahtes durch die 6 mm große Perle zwei weiße Perlen (2 mm), eine weiße Perle (3 mm) und drei silberne Perlen aufnehmen. Den Draht durch die 3 mm große Perle nochmals in Arbeitsrichtung durchfädeln, so daß sich die Zacke ergibt. Zwei weiße Perlen (2 mm) aufnehmen und den Draht in Arbeitsrichtung nochmals durch die 6 mm große Perle ziehen.

RUSTIKALE GOLDBLUME

Material:

- Gold- und Kupferfolie
- Glitzerwolle
- 260 cm goldener Draht (0,3 mm)
- brauner Draht (0,35 mm)
- 125 cm Basteldraht (0,4 mm)
- Goldweizen
- goldener Plombendraht
- Nelken
- Glitzerwolle
- Goldbouillon
- 55 mittelblaue Perlen (4 mm)
- 5 mittelblaue Perlen (3 mm)
- 50 hellbraune Perlen (4 mm)
- 1 hellbraune Perle (6 mm)
- 261 goldene Perlen (2,5 mm)
- Perlkappen (5 und 20 mm)
- Stieldraht
- braunes Floristenband
- Rouladennadel
- feines Schleifpapier

Blütenblatt: Auf ein 25 cm langes Drahtstück (0,3 mm) * je eine Perle in Gold, Braun (4 mm), Gold und Blau (4 mm) fädeln; drei Perlen (2,5 mm) aufnehmen und durch die blaue Perle nochmals in Arbeitsrichtung durchfädeln. * Vorgang * … * viermal wiederholen. Je eine Perle in Gold, Braun (4 mm) und Gold aufnehmen, beide Drähte verdrehen. Fünf Blütenblätter anfertigen.

Durch die mit x gekennzeichnete blaue Perle einen 12 cm langen Draht (0,3 mm) bis zur Mitte durchziehen. Auf beide Drahtenden zweimal je eine Perle in Gold, Braun (4 mm), Gold und Blau (4 mm) auffädeln. Dann je eine goldene Perle aufnehmen und alle Drähte verdrehen.

Stempel: Auf einen ca. 10 cm langen Draht (0,3 mm) eine blaue Perle (3 mm) aufnehmen. Drähte zusammenlegen und eine Perlkappe (5 mm), eine braune Perle (6 mm) und eine große Perlkappe auffädeln. Drähte trennen, auf einen Draht eine goldene Perle aufnehmen und die Drähte verdrehen.

Perlnelken: Zehn Perlnelken aus den goldenen und den großen blauen Perlen herstellen (Anleitung Seite 26).

Staubgefäß: Auf ein 15 cm langes Drahtstück eine blaue Perle (3 mm) fädeln. Das Drahtende ca. 2 cm umbiegen und verdrehen. Einen 8 cm langen Bouillondraht aufziehen und spiralförmig eng um eine Rouladennadel wickeln. Die Spirale auf ca. 4 cm auseinanderziehen. Fünf Staubgefäße fertigen.

Wollblütenblatt: 16 cm Plombendraht und 25 cm Basteldraht zusammen so lange mit Glitzerwolle umwickeln, bis der Draht bedeckt ist. Eng um eine Rouladennadel wickeln und die Spirale auf ca. 8 cm auseinanderziehen. Enden zusammenlegen und das Blattinnere von innen nach außen nochmals umwickeln. Fünf Blätter anfertigen.

Metallblätter: Mit Hilfe der Schablonen zwei große, zwei mittlere und ein kleines Blatt ausschneiden. Die Folien mit einem stumpfen Bleistift von innen nach außen ritzen und mit einem ganz feinen Schleifpapier anschleifen. In die Mitte ein großes Loch schneiden, Blätter formen und mit der Heißklebepistole aufeinanderkleben.

Fertigstellung: Die zehn Perlnelken um den Stempel mit Bindedraht befestigen. Die Perlenblütenblätter ringsherum ansetzen und mit Bindedraht umwickeln.

Zuletzt die Wollblütenblätter versetzt darunter festbinden. Die Drähte verdrehen und das Gebilde durch die Metallblätter stecken. Stieldraht anlegen, mit Bindedraht befestigen. Zuletzt mit Floristenband umwickeln.

Mit Goldspray lackierten Kies in eine Glasröhre füllen und die Goldblume mit dem Goldweizen hineinstellen.

WEIHNACHTSENGEL

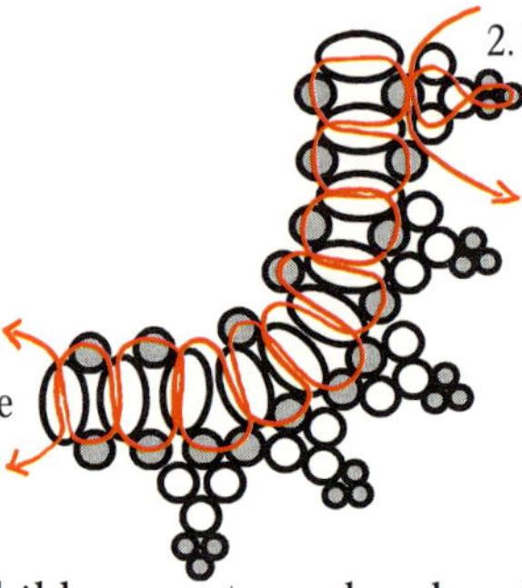

Material:

- 164 weiße Oliven (4 x 8 mm)
- 650 goldene Perlen (4 mm)
- 3 Päckchen goldene Perlen (2 mm)
- 60 weiße Oliven (3 x 6 mm)
- 3 Päckchen goldene Perlen (3 mm)
- 30 goldene Oliven (3 x 6 mm)
- rote Stickperlen
- 35,5 cm roter Samt und 42 cm Taft
- Zackenborte
- Wachskopf (ca. 4 cm) und -hände
- Flügel
- 10,75 m goldener Draht (0,3 mm)
- Styroporkegel (14 cm hoch)
- Watte-Ei (45 mm)
- Sperrholzplatte (Ø 8 cm)
- Füllwatte
- Perlonfaden

Figur: Den Styroporkegel auf die Sperrholzplatte kleben. Kegel und Watte-Ei mit einem Zahnstocher, der zur Hälfte in das Watte-Ei gesteckt wird, verbinden und verkleben.

Unterrock: Aus Taft einen Kreis von 42 cm Durchmesser zuschneiden. Außen zweimal einreihen. Taft zwischen Kegel und Watte-Ei mit dem Einreihfaden zusammenziehen. Faden verknüpfen.

Rock: Aus Samt den Rock mit einem Durchmesser von 35,5 cm zuschneiden. In die Mitte ein Loch von ca. 3 cm Durchmesser schneiden. Der Rock muß gut über das Watte-Ei passen. Rocksaum und Lochrand versäubern. Den Lochrand zweimal einreihen. An der Unterseite eine kleine Zackenborte mit etwas Überstand mit Perlonfaden aufnähen. Die weiß-goldene Borte, die verstreuten, roten Stickperlen, die Perlenborte (laut Anleitung) und die goldenen Perlen der Abbildung entsprechend aufnähen. Den Rock über den Körper ziehen und am Futterstoff festnähen.

Perlenborte: Auf einen Draht von 160 cm eine Olive (4 x 8 mm) fädeln und zur Mitte durchziehen. *Auf jedes Drahtende eine Perle (4 mm) aufnehmen und durch eine weitere Olive gegenfädeln. * Vorgang * … * 17mal wiederholen. Die Ecken laut Zeichnung ausarbeiten. Zwei weitere Drahtstücke von je 160 cm müssen angedrahtet werden, indem man den neuen Draht durch die Olive bis zur Mitte durchzieht, mit dem alten Draht verdreht und diesen abzwickt.

Mit einem 340 cm langen Draht die zweite Reihe anfertigen: Draht durch die erste Perle (4 mm) der Perlenborte führen. * Zwei Perlen à 4 mm und drei Perlen à 3 mm auffädeln, den Draht in Arbeitsrichtung durch die zweite Perle (4 mm) nochmals durchziehen, eine Perle (4 mm) aufnehmen und durch die übernächste Perle (4 mm) in der Borte schieben. * Vorgang wiederholen, bis die Perlenborte vollständig ist. Drahtanfang und -ende zur Befestigung jeweils durch die nächste Olive, Perle und Olive ziehen.

Oberteil: Das Oberteil gemäß Schnittmuster (Originalgröße) doppelt zuschneiden, versäubern und am Hals einreihen.

(Fortsetzung Seite 42)

WEIHNACHTSENGEL

Den Ärmelrand umnähen und für das Bündchen ca. 15 cm Perlonfaden (0,3 mm) mit einnähen. Ärmel und Oberteil nähen. Die an den Wachshänden befindlichen Drähte entsprechend der Ärmellänge umbiegen und mit den Daumen nach oben am Kopf einhängen.

Den Kopf so weit in das Watte-Ei stecken, daß noch 1 cm des Holzstabes sichtbar bleibt. Die Arme mit der Heißklebepistole befestigen. Füllwatte in Streifen reißen, Arme, Watte-Ei und Hals umwickeln, mit Heftfaden fixieren. Um die Proportionen zu formen, den Vorgang eventuell wiederholen. Das Oberteil anziehen, die Rückennaht im Matratzenstich schließen. Das Oberteil am Rockrand festnähen, den Einreihfaden am Hals und an den Händen etwas zusammenziehen und verknoten.

Gürtel: Auf 60 cm Draht eine * goldene Olive aufnehmen. Auf jedes Drahtende eine Perle (2 mm) auffädeln und in einer weiteren goldenen Olive gegenfädeln *. Den Vorgang * ... * 28mal wiederholen. Den Gürtel um die Taille legen. Auf einen der Drähte eine Perle (2 mm) aufnehmen, durch die erste Olive fädeln, eine weitere Perle aufnehmen, Drähte verdrehen und abzwicken.

Halsreif: Auf 60 cm Draht eine weiße Olive (3 x 6 mm) aufnehmen und zur Mitte ziehen. *Links eine Perle von 2 mm Größe, rechts von 3 mm auffädeln und durch eine weitere weiße Olive gegenfädeln. Links eine Perle von 2 mm, rechts eine Perle von 3 mm Größe und drei Perlen à 2 mm aufnehmen. Den Draht durch die 3 mm große Perle in Arbeitsrichtung durchfädeln; beide Drähte in einer Olive gegenfädeln. * Den Vorgang * ... * achtmal wiederholen.

Den Halsreif um den Hals legen, Drähte verdrehen und abzwicken.

Manschetten: Diese werden genauso gearbeitet wie der Halsreif. Es werden lediglich auf den linken Draht keine Perlen zwischen den Oliven aufgenommen. Die Drahtlänge beträgt 35 cm. Auf einen Drahtrest 13 Perlen (2 mm) fädeln und als Armreif jeweils vor der Manschette anbringen.

Krönchen: Auf einen 65 cm langen Draht eine Perle (2 mm) zur Mitte schieben, Drahtenden zusammenlegen und acht Perlen (3 mm) darüberschieben. * Auf ein Drahtende eine Perle (3 mm), eine weiße Olive (3 x 6 mm), eine Perle (2 mm) und eine weiße Olive fädeln. Den Draht durch die erste Perle (3 mm) schieben, so daß eine Spitze entsteht. Beide Drahtenden zusammennehmen und zwei Perlen (3 mm) aufnehmen. * Den Vorgang * ... * achtmal wiederholen.

Die dritte, vierte und fünfte Spitze jedoch mit drei Perlen à 2 mm arbeiten. Sechs weitere Perlen (3 mm) auf die beiden Drähte schieben. Einen der Drähte durch die Anfangsperle (2 mm) fädeln, die Drähte verdrehen und abzwicken. Das Krönchen am Scheitel mit Perlonfaden mit einem Stich annähen. Den Perlonfaden durch die Krönchenenden ziehen, um den Hals wickeln und verknoten. Die Flügel mit der Heißklebepistole am Körper festkleben.

STERNE

Perlenstern Grundform
(Seite 44, 4. Stern von links)

Material:
- 30 cm Basteldraht (0,4 mm)
- 24 rosa Perlen (6 mm)
- 6 silberne Perlen (6 mm)

Sechs rosa und sechs silberne Perlen im Wechsel auf den Draht nehmen, zur Drahtmitte schieben und in der rosa Perle zum Ring schließen. * Auf eines der Drahtenden drei rosa Perlen aufnehmen und durch die nächste rosa Perle im Ring fädeln. * Den Vorgang * … * mit diesem Drahtende noch zweimal und mit dem anderen Drahtende dreimal wiederholen. Beim letzten Mal nicht mehr durch die rosa Perle fädeln, sondern die Drähte verdrehen und abzwicken.

Tip: Den Perlenstern aus 8 mm großen Perlen fertigen und mit Bouillondraht, der etwas auseinandergezogen wird, umwickeln. Die Anzahl der Zacken kann verschieden gearbeitet werden (Seite 44, 2. Stern von links). In den goldenen Stern mit sechs Zacken aus 8 mm großen Perlen einen kleinen Stern aus 2 oder 2,5 mm großen Perlen einhängen (Seite 44, 1. Stern von links). Der Perlenstern und die nachfolgenden Sterne können leicht mit Kindern nachgearbeitet werden.

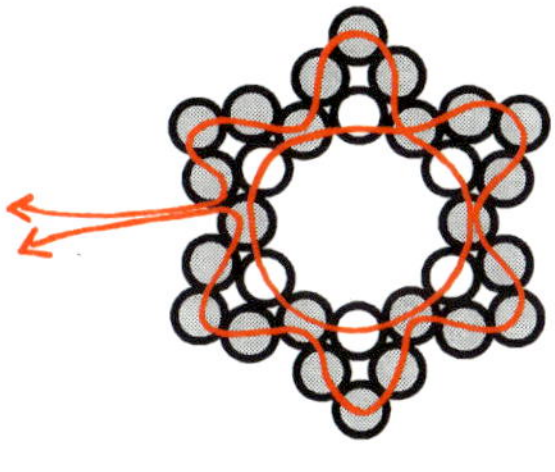

Goldener Stern
(Seite 45, 3. Stern von rechts)

Material:
- 65 cm Basteldraht (0,4 mm)
- 60 goldene Perlen (6 mm)
- 6 goldene Perlen (4 mm)

Die ersten beiden Reihen ausführen, wie bei der Grundform beschrieben, jedoch die letzte Zacke so arbeiten, daß auf jeden der Drähte eine 6 mm große Perle aufgenommen und in einer weiteren 6 mm großen Perle mit beiden Drähten gegengefädelt wird.

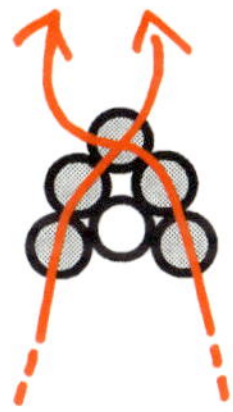

* Auf einen der Drähte drei Perlen à 6 mm und eine 4 mm große Perle aufnehmen.
Über die 4 mm große Perle den Draht durch die 6 mm große Perle schieben und fest anziehen. * Den Vorgang * … * mit diesem Draht zweimal wiederholen, jedoch beim letzten Mal nicht durchfädeln, sondern die Drähte verdrehen und abzwicken.

Goldenes Herz

(Seite 45, ganz rechts)

Material:

- 40 cm Basteldraht (0,4 mm)
- 20 geriffelte goldene Oliven (8 x 6 mm)
- 29 goldene Perlen (3 mm)
- 1 goldenes Stäbchen (2,5 cm) mit großem Innendurchmesser

Das Herz wird wie das rot-goldene Valentinsherz (Anleitung Seite 6) gearbeitet. Die Oliven entsprechen den 6 mm großen Perlen, es werden jedoch nur acht Perlen pro Seite verarbeitet. Zuletzt werden die beiden parallel liegenden Drähte über die 3 mm große Perle durch die Olive, die 3 mm große Perle, das Stäbchen und die 3 mm große Perle wieder nach oben geschoben. Einen der Drähte noch durch die Olive führen. Auf diesen Draht acht goldene Perlen (3 mm) aufnehmen, durch die erste goldene Perle (3 mm) und die Olive zurückfädeln, Drähte verdrehen und abzwicken.

Phantasie-Stern in Gold

(Seite 44/45, Mitte)

Material:

- 100 cm Basteldraht (0,4 mm)
- 66 goldene Perlen (6 mm)
- 88 goldene Perlen (3 mm)

Auf den Draht im Wechsel elf 6 mm große und elf 3 mm große Perlen aufnehmen, zur Drahtmitte schieben und in einer 6 mm großen Perle zum Ring schließen. * Auf ein Drahtende im Wechsel vier 3 mm große und drei 6 mm große Perlen fädeln. Über die 3 mm große Perle den Draht durch die 6 mm große Perle ziehen. Abwechselnd drei 3 mm große und zwei 6 mm große Perlen auf den Draht nehmen und durch die nächste 6 mm große Perle im Ring fädeln. * Den Vorgang * … * zehnmal wiederholen, Drähte verdrehen und abzwicken.

Weiß-gold (Seite 45, 1. Stern von rechts). Bei diesem mit zehn Spitzen gearbeiteten Stern werden beim Aufnehmen der ersten zehn Perlen (6 mm) nach jeder Perle drei 2 mm große Perlen aufgefädelt und der Draht in Arbeitsrichtung nochmals durch die 6 mm große Perle gezogen.

Zackenstern

(Seite 45, 2. Stern von rechts)

Material:

- 100 cm Basteldraht (0,4 mm)
- 18 weinrote Perlen (6 mm)
- 36 silberne Perlen (6 mm)
- 24 silberne Perlen (5 mm)
- 48 silberne Perlen (4 mm)

Die ersten beiden Reihen wie bei der Grundform arbeiten, in der obersten Perle der letzten Zacke gegenfädeln. * Auf ein Drahtende eine weinrote, eine silberne (6 mm) und eine weinrote Perle aufnehmen, durch die oberste Perle der nächsten Zacke fädeln. * Den Vorgang * … * insgesamt fünfmal wiederholen. In der obersten Perle der letzten Zacke mit

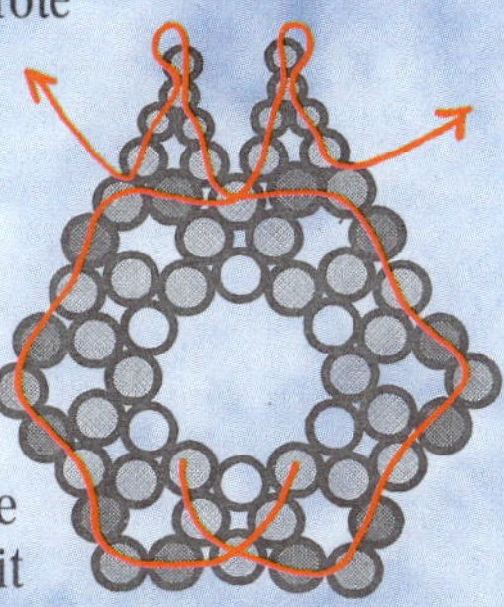

beiden Drähten gegenfädeln. * Auf einen der Drähte eine 5 mm große Perle und drei 4 mm große Perlen aufnehmen. Über die letzte 4 mm große Perle den Draht durch die nächste 4 mm große Perle ziehen. Eine Perle (4 mm) und eine Perle (5 mm) aufnehmen. Durch die nächste 6 mm große, silberne Perle fädeln. * Den Vorgang * … * elfmal wiederholen.

Kleeblatt

Material:

- 140 cm grüner Draht (0,3 mm)
- 125 dunkelgrüne Perlen (4 mm)
- 53 dunkelgrüne Perlen (3 mm)
- Stieldraht
- grünes Floristenband

Auf ein 35 cm langes Drahtstück vier Perlen (4 mm) aufnehmen und zur Drahtmitte schieben. * Auf jedes Drahtende eine 3 mm große Perle fädeln.
Auf eines der Drahtenden fünf Perlen (4 mm) fädeln und mit dem zweiten Drahtende durch die fünf Perlen gegenfädeln. * Den Vorgang * … * fünfmal wiederholen. Die Anzahl der Perlen ist der Zeichnung zu entnehmen.

Nach der letzten Perle (4 mm) auf einen der Drähte eine 3 mm große Perle aufnehmen und die Drähte verdrehen. Drei weitere Blätter fertigen. Mit allen Drähten der vier Blätter durch eine 4 mm große Perle durchfädeln. Die Drähte straff nach unten ziehen. Auf einen der Drähte eine 3 mm große Perle aufnehmen. Alle Drähte nochmals verdrehen. Stieldraht anlegen und mit Floristenband umwickeln.

Anleitung „Glückskäfer“ siehe Seite 48.

Amtl. Prüf.-Nr. R 5 908 157 04 93

Glückskäfer

(Abbildung Seite 47)

Material:

- 150 cm Basteldraht (0,4 mm)
- 53 schwarze Perlen (3 mm)
- 103 rote Perlen (4 mm)
- 16 rote Perlen (3 mm)
- Stieldraht
- Floristenband

Der Käfer wird in der gleichen Technik wie das Kleeblatt hergestellt. Zunächst wird mit einem 90 cm langen Draht das Oberteil laut Zeichnung angefertigt, beginnend mit vier roten Perlen (4 mm).

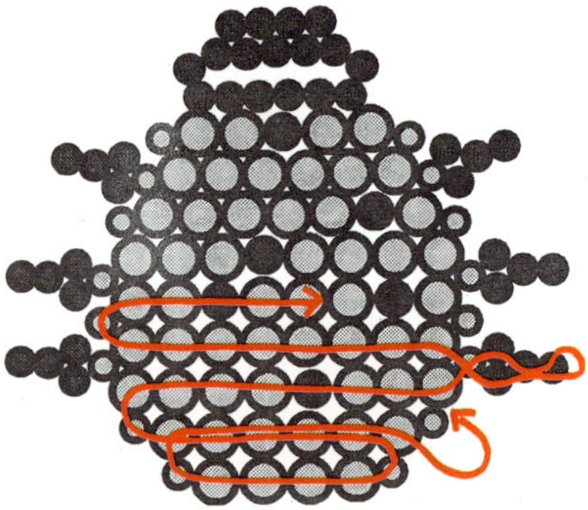

Nach der dritten Reihe auf ein Drahtende eine rote Perle und drei schwarze Perlen nehmen. Über die letzte schwarze Perle durch die mittlere schwarze Perle durchfädeln. Eine schwarze Perle aufnehmen und durch die rote Perle (3 mm) in Arbeitsrichtung fädeln. Das zweite Bein gegengleich arbeiten.

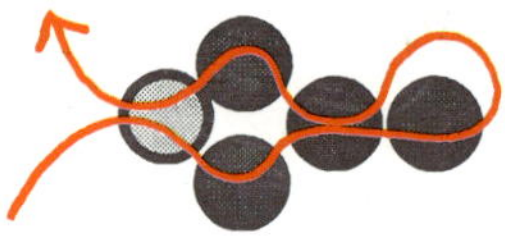

Acht rote Perlen (4 mm) aufnehmen und mit dem zweiten Drahtende gegenfädeln. Weiterarbeiten laut Zeichnung.
Die Unterseite des Käfers wird mit einem 60 cm langen Draht in der gleichen Technik des Gegenfädelns der folgenden Zeichnung entsprechend angefertigt.

Die sich zwischen den Reihen befindenden roten Perlen (3 mm) werden hier nicht neu aufgefädelt. Es werden die im Oberteil verarbeiteten roten Perlen (3 mm) benutzt, wodurch gleichzeitig die Verbindung der beiden Teile hergestellt wird. Den Marienkäfer mit einem Drahtrest auf der Unterseite andrahten, Stieldraht anlegen und mit Floristenband umwickeln.